彩图详解
电力安全生产典型违章

国网宁夏电力有限公司　编

中国电力出版社
CHINA ELECTRIC POWER PRESS

内容提要

本书根据现场实际情况，搜集整理了电力企业各专业生产作业现场典型违章案例，分为严重违章、一般违章两部分，每部分按照管理违章、行为违章、装置违章分类汇编，每一案例都有对应的现场违章图片可供参考，并给出相应的违章条款，便于比照学习，掌握违章现象，把握习惯性违章、屡查屡犯违章规律，有针对性地采取现场安全管控措施，提升安全管理水平。

本书可作为电力安全生产教育培训用书，也可作为电力企业生产技术人员和安全生产管理人员的参考用书。

图书在版编目（CIP）数据

彩图详解电力安全生产典型违章/国网宁夏电力有限公司编 . —北京：中国电力出版社，2019.12

ISBN 978 - 7 - 5198 - 4364 - 9

Ⅰ . ①彩… Ⅱ . ①国… Ⅲ . ①电力工业－安全生产－违章作业－图解 Ⅳ . ①TM08 - 64

中国版本图书馆 CIP 数据核字（2020）第 030312 号

出版发行：中国电力出版社
地　　址：北京市东城区北京站西街 19 号（邮政编码 100005）
网　　址：http：//www.cepp.sgcc.com.cn
责任编辑：马淑范（010-63412397）
责任校对：黄　蓓　常燕昆
装帧设计：赵姗姗
责任印制：杨晓东

印　　刷：三河市航远印刷有限公司
版　　次：2019 年 12 月第一版
印　　次：2019 年 12 月北京第一次印刷
开　　本：880 毫米×1230 毫米　32 开本
印　　张：4.5
字　　数：109 千字
定　　价：48.00 元

本书编委会

主　　任　马士林

副主任　季宏亮　贺　文　贺　波

编　　委　黄富才　何志强　李　放　陈盛君　汪卫平

主　　编　黄富才

副主编　何志强　陈盛君　李　放

参　　编　汪卫平　韩相锋　张　亮　王宁国　楼　峰

　　　　　张韶华　张东山　解志新　杨春明　郝宗良

　　　　　张旭宁　毛吉贵　沈黎明　李玉琛　刘　江

　　　　　王志勇　蒋超伟　王建磊　张春虎　王　虹

前 言

　　安全生产是电力企业稳定发展的根本基础和重要条件。电力企业生产作业过程中的违章指可能对人身、电网和设备构成危害并诱发事故的人的不安全行为、物的不安全状态和环境的不安全因素。

　　违章是事故之源，从业人员长期存在的习惯性违章为安全事故发生埋下隐患，可能对人身、电网和设备运行、网络信息安全等方面造成严重危害，甚至威胁从业人员的生命安全。据统计，电力企业安全生产事故90％以上都是由违章操作引起，小违章引发大事故的案例也比较多。培养安全意识，规范安全行为，杜绝习惯性违章，坚持反"三违"意义重大。

　　国网宁夏电力有限公司高度重视反违章工作，严格执行《电力安全工作规程》和国家电网有限公司生产现场作业"十不干"管理要求，开展"强基础、守规矩、固红线"反违章专项行动，规范生产作业现场安全管控标准化，建立覆盖各级安全生产管理人员、业务外包队伍和人员的违章连带记分工作机制，实现违章记分与安全奖惩、评先评优协调联动，营造自觉遵规守纪的安全氛围，推动全员安全共治，切实提高反违章管理成效。本书汇集了电力建设、小型基建、运维检修、网络信息等各专业生产作业现场典型违章案例，具体分为严重违章、一般违章两部分，每部分按照管理违章、行为违章、装置违章等分类汇编，每一案例都有对应的现场违章图片可供参考，并给出相应的违章条款，便于从业人员比照学习，掌握违章现象，把握习惯性违章、屡查屡犯违章规律，有针对性地采取现场安全管控措施，提升安全管理水平。

本书可供从事电力安全生产工作的从业人员开展安全教育培训使用，也可作为电力生产技术人员和安全生产管理人员参考用书。

本书编写过程中，得到国网宁夏电力有限公司领导和同仁的大力支持，在此表示衷心感谢！

由于编者理论水平和实践经验有限，书中难免出现疏漏与不足之处，恳请广大读者批评指正。

编　者

目　录

三、装置违章

第二部分　一般违章

一、管理违章

三、装置违章

第一部分　严重违章

一、管理违章

1 **违章现象** 现场工作负责人不具备"三种人"资格

变电站（发电厂）第二种工作票

单位：鄂州新颖供电公司运维检修部（检修分公司）　编号：5221A381810001

1. 工作负责人（监护人） 陈圆　　　　　　班组： 变电检修一班

2. 工作班人员（不包括工作负责人）

王华　　　　　　非本年度
　　　　　　　公布的工作负责人　　　　　　　　　共 1 人

3. 工作的变配电站名称及设备双重名称

惠利 35kV 变电站　　2 号主变

4. 工作任务

工作地点及设备双重名称	工作内容
室外：主变设备区，2 号主变间隔	2 号主变本体取油样，
处。	

5. 计划工作时间

自 2018 年 10 月 02 日 14 时 00 分至 2018 年 10 月 02 日 16 时 00 分

6. 工作条件（停电或不停电，或邻近及保留带电设备名称）

不停电

7. 注意事项（安全措施）

1、工作中加强监护，禁止攀登高压设备。

2、设备带电运行，工作时保持与带电设备足够的安全距离：110kV 大于 1.50m，
10kV 大于 0.70m。

3、取完油样，应将放油阀拧紧，并擦拭干净，防止渗油。

违章条款：《国家电网公司电力安全工作规程（配电部分）》第 3.3.11.2 条：工作负责人应由有本专业工作经验、熟悉工作范围内的设备情况、熟悉本规程，并经工区（车间，下同）批准的人员担任。

2 **违章现象** 现场勘察记录未记录临近 10kV 带电线路的
安全风险及防控措施

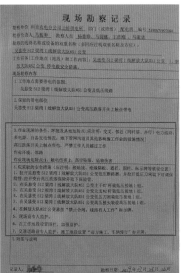

违章条款:《国家电网公司安全作业规程(配电部分)》第
3.2.3 条:现场勘察应查看检修(施工)作业需要停电的范
围、保留的带电部位、装设接地线的位置、邻近线路、交叉
跨越、多电源、自备电源、地下管线设施和作业现场的条
件、环境及其他影响作业的危险点,并提出针对性的安全措
施和注意事项。

③ 违章现象 设计图纸与实际间隔不符

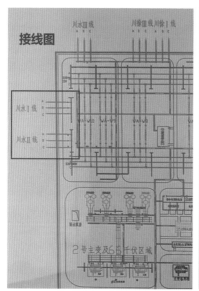
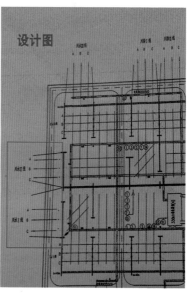

违章条款:《国家电网公司电力安全工作规程(电力通信部分)》第7.1条:敷设电力通信光缆前,宜对光缆路由走向、敷设位置、接续点环境、配套金具等是否符合安全要求进行现场勘察。

4 **违章现象** 易燃物品与材料混放

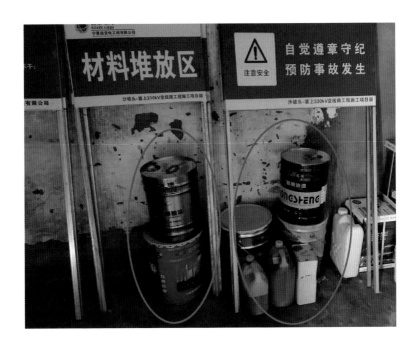

违章条款：《国家电网公司电力安全工作规程（电网建设部分）》第3.4.5条：易燃、易爆及有毒有害物品等应分别存放在与普通仓库隔离的危险品仓库内，危险品仓库的库门应向外开，按有关规定严格管理。汽油、酒精、油漆及稀释剂等挥发性易燃材料应密封存放，配消防器材，悬挂相应安全标志。

5 【违章现象】 现场工作未纳入周计划管控

违章条款：《国家电网公司生产作业安全管控标准化工作规范（试行）》第2.3.1条：所有计划性作业应全部纳入周计划作业管控，禁止无计划作业。

6 【违章现象】 脚手架未搭设完成,就开展支模、钢筋绑扎工作

违章条款:《国家电网公司电力安全工作规程(电网建设部分)》第 6.3.4.1 条:脚手架搭设后应经使用单位和监理单位验收合格后方可使用,使用中应定期进行检查和维护。

7 **违章现象** 同一负责人同一时间持有两份工作票

变电站（发电厂）第二种工作票

单位：国网○○供电公司运维检修部（检修分公司）   编号 611002

1. 工作负责人（监护人）：王五   班组：变电检修一班
2. 工作班人员（不包括工作负责人）：
   李计林
                                                        共 1 人
3. 工作的变配电站名称及设备双重名称
   濉阳 110kV 变电站   1号主变 110kV 侧 101 断路器

4. 工作任务

工作地点及设备双重名称	工作内容
室外：110kV设备区，1号主变 110kV侧 101 断路器处。	1号主变 101 断路器补气、检漏测试。

5. 计划工作时间
   自 2018 年 11 月 02 日 11 时 00 分至 2018 年 11 月 02 日 13 时 00 分。
6. 工作条件（停电或不停电，或邻近及保留带电设备名称）
   不停电。

7. 注意事项（安全措施）
   1. 设备带电运行，工作时保持与带电设备足够的安全距离：110kV 大于 1.5m。
   2. 工作中加强监护，做好防护接地做到不中毒。
   3. 补气时，充气压力不略大于断路器气室压力，避免充气过快导致充气管破裂。
   4. 工作结束后，清理工作现场，并关闭充气阀门。

变电站（发电厂）第二种工作票

单位：国网○○供电公司运维检修部（检修分公司）   编号 01

1. 工作负责人（监护人）：王五   班组：发电检修一班
2. 工作班人员（不包括工作负责人）：
   王雷
                                                        共 1 人
3. 工作的变配电站名称及设备双重名称
   濉阳 110kV 变电站   1号主变

4. 工作任务

工作地点及设备双重名称	工作内容
室外：主变设备区，1号主变间隔处。	1号主变本体取油样。

5. 计划工作时间
   自 2018 年 11 月 02 日 10 时 00 分至 2018 年 11 月 02 日 12 时 00 分。
6. 工作条件（停电或不停电，或邻近及保留带电设备名称）

7. 注意事项（安全措施）
   1. 工作中加强监护，禁止蹬踏带电高压设备。
   2. 设备带电运行，工作时保持与带电设备足够的安全距离：110kV 大于 1.5m，10kV 大于 0.70m。
   3. 取完油样，应将油封闭好密封、并擦拭干净，防止漏油。

违章条款：《国家电网公司电力安全工作规程（电网建设部分）》第 2.5.3.2.5 条：一个作业负责人同一时间只能使用一张作业票。

8 **违章现象** 部分停电的检修工作使用第二种工作票

违章条款：《国家电网公司电力安全工作规程（变电部分）》第6.3.2条：填用第一种工作票的工作为：高压设备上工作需要全部停电或部分停电者；其他工作需要将高压设备停电或做安全措施者。

9 **违章现象** 总工作票负责人同时担任配电工作任务单的
签发人和许可人

违章条款：《国家电网公司电力安全工作规程（配电部分）》第3.3.8.8条：一张工作票中，工作票签发人、工作许可人和工作负责人三者不得为同一人。工作许可人中只有现场工作许可人（作为工作班成员之一，进行该工作任务所需现场操作及做安全措施者）可与工作负责人相互兼任。若相互兼任，应具备相应的资质，并履行相应的安全责任。

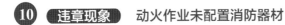

⑩ 违章现象 动火作业未配置消防器材

违章条款：《国家电网公司电力安全工作规程（变电部分）》第 16.6.10.5 条：动火作业应有专人监护，动火作业前应清除动火现场及周围的易燃物品，或采取其他有效的安全防火措施，配备足够适用的消防器材。

11 违章现象 接地线试验超周期

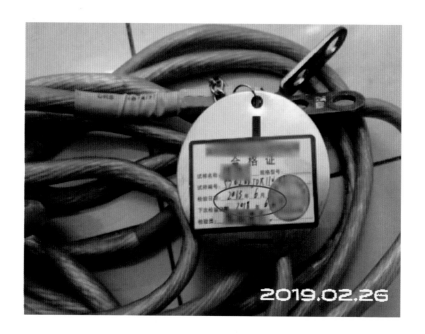

违章条款: 违反《国家电网公司电力安全工作规程(变电部分)》附录J以及《国家电网公司电力安全工器具管理规定》附录5"携带型短路接地线每5年进行直流电阻试验以及操作棒的工频耐压试验"要求。

二、行为违章

12　**违章现象**　跨越沟槽的便桥宽度不足，无栏杆

违章条款： 《国家电网公司电力安全工作规程（电网建设部分）》第3.2.3条：现场道路跨越沟槽时应搭设牢固的便桥，经验收合格后方可使用。人行便桥的宽度不得小于1m，手推车便桥的宽度不得小于1.5m，汽车便桥的宽度不得小于3.5m。便桥的两侧应设有可靠的栏杆，并设置安全警示标志。

13 **违章现象** 使用槽钢（10cm宽）搭设便桥，两侧无栏杆，存在高坠风险

违章条款：《国家电网公司电力安全工作规程（电网建设部分）》第3.2.3条：现场道路跨越沟槽时应搭设牢固的便桥，经验收合格后方可使用。人行便桥的宽度不得小于1m。便桥的两侧应设有可靠的栏杆，并设置安全警示标志。

14 **违章现象** 乙炔、氧气瓶随意摆放

违章条款：《国家电网公司电力安全工作规程（变电部分）》第 16.5.11 条：使用中的氧气瓶和乙炔瓶应垂直固定放置，氧气瓶和乙炔瓶的距离不得小于 5m，氧气瓶的放置地点不得靠近热源，应距明火 10m 以外。

15 **违章现象** 施工作业票未填写开始时间

整体立塔（杆）施工作业 B 票

工程名称：■ ■ ■升压站~同利变 110kV 线路工程　　　　编号：SZ-B2-0001

施工班组	施工一队	初勘风险等级	3 级	复测后风险等级	2 级
工序及作业内容	地面组装		作业部位	#24	
开始时间		结束时间			
执行方案名称	铁塔组立施工方案		施工人数		
方案技术要点	一、铁塔组立工艺要求：1、塔材、螺栓、脚钉及垫片等应有出厂合格证。2、塔材无弯曲、脱锌、变形、错孔、磨损。3、螺栓的螺纹不应进入剪切面。4、螺栓应逐个紧固，扭力矩符合规范要求，且紧固力矩的上限不宜超过规定值的20%。5、自立式转角塔、终端塔应组立在倾斜平面的基础上，向受力反方向预倾斜，预倾斜符合规定。6、分片吊装时应采取适当补强措施。7、不得强行安装。8、铁塔组立后，各相邻节点间主材弯曲度不得超过 1/640 。9、高强度螺栓安装应满足规程规范要求。10、注意塔材的喷锌面保护。二、安全技术一般规定：1、组立塔之前，所有施工人员必须参加安全技术交底，工作前应明确分工，明确责任范围，不能漏岗。2、进入组立施工现场必须正确佩戴安全帽。					
具体人员分工	1. 工作负责人：■■　　2. 安全监护人：■■　　3. 其他施工人员：■■■■■■■■■■				
主要风险	机械伤害、物体打击、高空坠落、其他风险				
作业必备条件					

违章条款：《国家电网公司电力安全工作规程（电网建设部分）》第 2.5.3.2.2 条：作业票采用手工方式填写时，应用黑色或蓝色的钢笔或水笔填写和签发。作业票上的时间、工作地点、主要内容、主要风险等关键字不得涂改。

16 **违章现象** 工作票未经许可，工作班成员已确认签字

6. 工作许可

许可的线路或设备	许可方式	工作许可人	工作负责人签名	许可工作的时间
霄嘴变10KV 515水泥线创业吊庄队配变0.4KV线路				年 月 日 时 分

7. 工作任务单登记

工作任务单编号	工作任务	小组负责人	工作许可时间	工作结束报告时间

8. 现场交底，工作班成员确认工作负责人布置的工作任务、人员分工、安全措施和注意事项并签名：

陆 □ 李宇 □ 岁 王□ 田 郭 □ □ 李 叠 隆 □ 龙 工□ 陈 □方

9. 人员变更

9.1工作负责人变动情况：原工作负责人_____离去，变更_____为工作负责人。

工作票签发人_____ _____年____月____日____时____分

工作票签发人签名确认_____ 新工作票签发人签名确认_____ _____年____月____日____时____分

工作人员变动情况

增人员	姓名				
	变更时间				
于人员	姓名				
	变更时间				

工作负责人签名_____

违章条款：《国家电网公司生产作业安全管控标准化工作规范（试行）》第4.4.1条：工作许可手续完成后，工作负责人组织全体作业人员整理着装，统一进入作业现场，进行安全交底，列队宣读工作票，交待工作内容、人员分工、带电部位、安全措施和技术措施，进行危险点及安全防范措施告知，抽取作业人员提问无误后，全体作业人员确认签字。

17 **违章现象** 杆塔作业使用围腰式安全带

违章条款：《国家电网公司电力安全工作规程（线路部分）》第9.2.4条：在杆塔上作业时，应使用有后备绳或速差自锁器的双控背带式安全带，当后备保护绳超过3m时，应使用缓冲器。安全带和保护绳应分挂在杆塔不同部位的牢固构件上。

18 〔**违章现象**〕　作业人员安全带后备安全绳低挂高用

违章条款：《国家电网公司电力安全工作规程（配电部分）》第 17.2.2 条：安全带的挂钩或绳子应挂在结实牢固的构件上，或专为挂安全带用的钢丝绳上，并应采用高挂低用的方式。

19 〔**违章现象**〕 工作人员安全带腿部拉带未套入

违章条款:《国家电网公司电力安全工作规程(配电部分)》第3.3.12.5条：工作班成员安全责任:(3)正确使用施工机具、安全工器具和劳动防护用品。

20 〔**违章现象**〕 砍树作业未采取防止树木倒落在导线上的措施

违章条款：《国家电网公司电力安全工作规程（线路部分）》第4.3.4条：为防止树木（树枝）倒落在导线上，应设法用绳索将其拉向与导线相反的方向。绳索应有足够的长度和强度，以免拉绳的人员被倒落的树木砸伤。

21 违章现象 作业人员未佩戴安全帽

违章条款:《国家电网公司电力安全工作规程(电网建设部分)》第 3.1.3 条:进入施工现场的人员应正确佩戴安全帽,根据作业工种或场所需要选配个体防护装备。

22 **违章现象** 作业人员安全帽佩戴不正确

违章条款：《国家电网公司电力安全工作规程（变电部分）》第 16.1.1 条：任何人进入生产现场（办公室、控制室、值班室和检修班组室除外），应正确佩戴安全帽。

23 **违章现象** 现场使用的作业票签发人未签名，且签发时间晚于工作开始时间

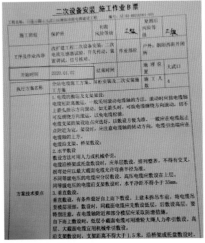
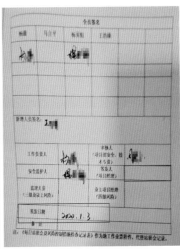

违章条款：《国家电网公司电力安全工作规程（电网建设部分）》第2.5.4.1条：作业票签发后，作业负责人应向全体作业人员交待作业任务、作业分工、安全措施和注意事项，告知风险因素，并履行签名确认手续后，方可下达开始作业的命令。

24 **违章现象** 路口施工作业未设置围栏和标示牌

违章条款：《国家电网公司电力安全工作规程（配电部分）》
第4.5.12条：城区、人口密集区或交通道口和通行道路上
施工时，工作场所周围应装设遮栏（围栏），并在相应部位
装设警告标示牌。必要时，派人看管。

25 **违章现象** 高压试验未设封闭式围栏

违章条款：《国家电网公司电力安全工作规程（变电部分）》第 14.1.5 条：试验现场应装设遮栏或围栏，遮栏或围栏与试验设备高压部分应有足够的安全距离，向外悬挂"止步，高压危险！"的标示牌，并派人看守。

26 〔**违章现象**〕 接地线挂在绝缘导线上

违章条款：《国家电网公司电力安全工作规程（配电部分）》第4.4.5条：在配电线路和设备上，接地线的装设部位应是与检修线路和设备电气直接相连去除油漆或绝缘层的导电部分。

27 违章现象 工作未结束已拆除接地线

违章条款：《国家电网公司电力安全工作规程（配电部分）》第3.7.6条：工作许可人在接到所有工作负责人（包括用户）的终结报告，并确认所有工作已完毕，所有工作人员已撤离，所有接地线已拆除，与记录簿核对无误并做好记录后，方可下令拆除各侧安全措施。

28 **违章现象** 开挖基坑无防止塌方措施

违章条款：《国家电网公司电力安全工作规程（配电部分）》
第 12.2.1.4 条：沟（槽）开挖深度达到 1.5m 及以上时，
应采取措施防止上层塌方。

29 **违章现象** 0.4kV 带电集束导线直接碰到在立的水泥杆
上，未保持足够安全距离

违章条款:《国家电网公司电力安全工作规程（配电部分）》
第 6.3.12 条: 在带电线路、设备附近立、撤杆塔，杆塔、
拉线、临时拉线、起重设备、起重绳索应与带电线路、设备
保持规定的安全距离，且应有防止立、撤杆过程中拉线跳动
和杆塔倾斜接近带电导线的措施。

三、装置违章

 违章现象 做临时拉线用的钢丝绳断股

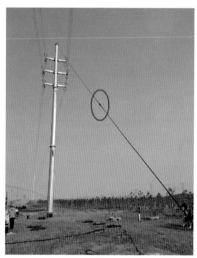

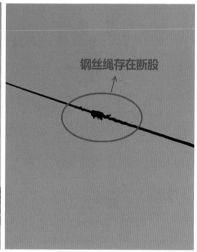

钢丝绳存在断股

违章条款：《国家电网公司电力安全工作规程（电网建设部分）》第 5.3.1.3.3 条：钢丝绳（套）有下列情况之一者应报废或截除：b）绳芯损坏或绳股挤出、断裂；c）笼状畸形、严重扭结或金钩弯折。

31 【**违章现象**】 现场吊车使用钢丝绳有磨损、散股现象

违章条款:《国家电网公司电力安全工作规程(配电部分)》第14.2.7.1条:钢丝绳应定期浸油,遇有下列情况之一者应报废:(6) 钢丝绳压扁变形及表面毛刺严重者。

32 **违章现象** 现场钢丝绳套插接长度不足300mm

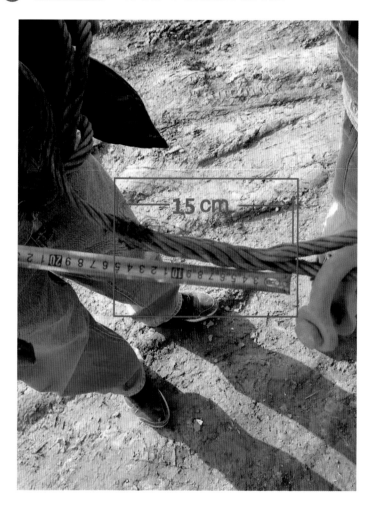

违章条款：《国家电网公司电力安全工作规程（电网建设部
分）》第3.5.1.3.5条：插接的环绳或绳套，其插接长度应
不小于钢丝绳直径的15倍，且不得小于300mm。

33 违章现象　线路杆塔无色标

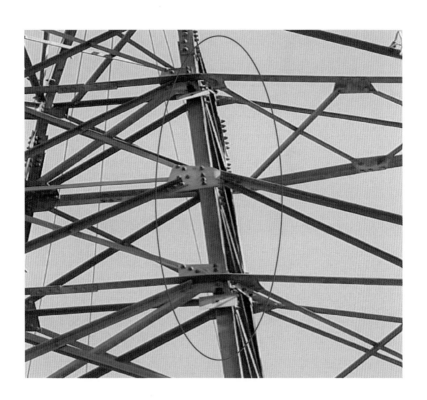

违章条款：《国家电网公司电力安全工作规程（线路部分）》第8.3.5.1条：每基杆塔应设识别标记（色标、判别标帜等）和线路名称、杆号。

34 **违章现象** 电杆无杆号牌

违章条款：《国家电网公司电力安全工作规程（配电部分）》第6.7.5条：为防止误登有电线路，每基杆塔应设识别标记（色标、判别标帜等）和线路名称、杆号。

35 **违章现象** 变电站带电区域内使用金属梯子

违章条款：《国家电网公司电力安全工作规程（变电部分）》
第 16.1.11 条：在变、配电站的带电区域内或临近带电线路
处，禁止使用金属梯子。

36 **违章现象**　脚手架平台未设防护栏

脚手架上部无栏杆

违章条款：《国家电网公司电力安全工作规程（电网建设部分）》第 6.3.3.10 条：脚手架的外侧、斜道和平台应设1.2m 高的护栏，0.6m 处设中栏杆和不小于 180mm 高的挡脚板或设防护立网。

37 【违章现象】 脚手架护栏高度不足1.2m

违章条款:《国家电网公司电力安全工作规程（电网建设部分）》第6.3.3.10条：脚手架的外侧、斜道和平台应设1.2m高的护栏，0.6m处设中栏杆和不小于180mm高的挡脚板或设防护立网。

38 **违章现象** 电源线直接插入插座

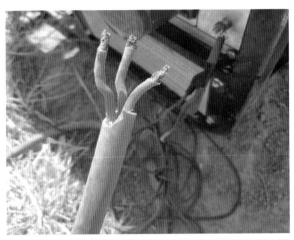

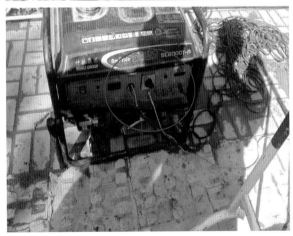

违章条款：《国家电网公司电力安全工作规程（电网建设部分）》第 3.5.4.19 条：禁止将电源线直接钩挂在闸刀或直接插入插座内使用。

39 〖违章现象〗 安全工器具室存放损坏的验电笔和绝缘手套

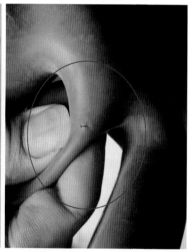

违章条款：《国家电网公司安全工器具管理办法》第 30 条：
不合格或超试验周期的安全工器具应另外存放。

四、违反生产现场作业"十不干"

40 **违章现象** 配电网检修作业时，分支线路的高压熔断器未拉开且无接地措施

违章条款：《国家电网公司电力安全工作规程（配电部分）》第4.2.7条：低压配电线路和设备检修，应断开所有可能来电的电源（包括解开电源侧和用户侧连接线），对工作中有可能触碰的相邻带电线路、设备应采取停电或绝缘遮蔽措施。

《国网公司生产现场作业"十不干"》第5条：未在接地保护范围内工作的不干。

41 【违章现象】 配电作业现场安全措施不完善，低压控制开
关未断开，存在反送电风险

违章条款：《国家电网公司电力安全工作规程（配电部分）》
第 4.2.1 条：工作地点应停电的线路和设备。4.2.1.5 有可
能从低压侧向高压侧反送电的设备。

《国网公司生产现场作业"十不干"》第 6 条：现场安全
措施布置不到位、安全工器具不合格的不干。

42 **违章现象** 作业人员佩戴不合格安全帽

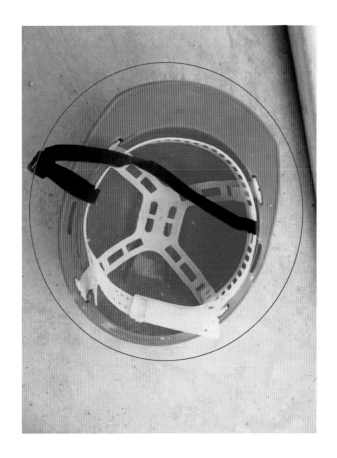

违章条款：《国家电网公司电力安全工器具管理规定》附件10：安全工器具检查分为出厂验收检查、试验检验检查和使用前检查，使用前应检查合格证和外观。

《国网公司生产现场作业"十不干"》第6条：现场安全措施布置不到位、安全工器具不合格的不干。

43 〖违章现象〗 杆上作业时，工作人员调整拉线

违章条款：《国家电网公司电力安全工作规程（配电部分）》第6.3.14.3：杆塔上有人时，禁止调整或拆除拉线。

《国网公司生产现场作业"十不干"》第7条：杆塔根部、基础和拉线不牢固的不干。

44 【违章现象】 高处作业未采取防止高空坠落措施

违章条款：《国家电网公司电力安全工作规程（电网建设部分）》第4.1.5条：高处作业人员应正确使用安全带，宜使用全方位防冲击安全带，杆塔组立、脚手架施工等高处作业时，应采用速差自控器等后备保护设施。安全带及后备防护设施应高挂低用。高处作业过程中，应随时检查安全带绑扎的牢靠情况。

《国网公司生产现场作业"十不干"》第8条：高处作业防坠落措施不完善的不干。

45 **违章现象** 现场作业无人监护

违章条款：《国家电网公司电力安全工作规程（变电部分）》
第 6.5.1 条：工作负责人、专责监护人应始终在现场，对工
作班成员的安全认真监护，及时纠正不安全的行为。

《国网公司生产现场作业"十不干"》第 10 条：工作负
责人（专责监护人）不在现场的不干。

46 【违章现象】 工作负责人未到现场，外包队伍人员已作业

违章条款：《国家电网公司电力安全工作规程（电网建设部分）》2.5.4.1：作业票签发后，作业负责人应向全体作业人员交待作业任务、作业分工、安全措施和注意事项，告知风险因素，并履行签名确认手续后，方可下达开始作业的命令；作业负责人、专责监护人应始终在工作现场。

《国网公司生产现场作业"十不干"》第10条："工作负责人（专责监护人）不在现场的不干"。

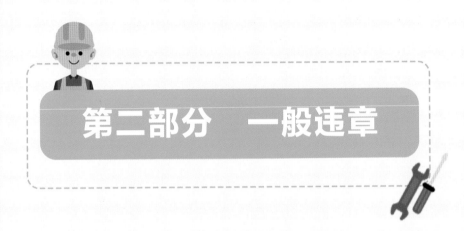

第二部分　一般违章

一、管理违章

47 **违章现象** 工作票上通信安全措施中没有进行授权

违章条款：《国家电网公司电力安全工作规程（信息部分）》4.2.1：工作前，作业人员应进行身份鉴别和授权。4.2.2：授权应基于权限最小化和权限分离的原则。

48 **违章现象** 工作票中吊车使用安全距离 66kV 错填

违章条款：《国家电网公司电力安全工作规程（变电部分)》第 17.2.3.4 条：作业时，起重机臂架、吊具、辅具、钢丝绳及吊物等与架空输电线及其他带电体的最小安全距离不得小于 4.00m。

49 **违章现象** **工作负责人未在工作票上签名**

编号 5701A051909001

工作地点保留带电部分或注意事项（由工作票签发人填写）	补充工作地点保留带电部分和安全措施（由工作许可人填写）
2、工作中加强监护，防止误入带电间隔，防止误碰、误动运行设备，防止误登带电设备构架。	
3、登高作业，作业人员应系好安全带，防止高空坠落及坠物伤人，禁止高空抛物。	
4、工作人员应根据工作需要，加装工作接地线或个人保安线，防止感应电伤人。	
5、车辆进入变电站内，车速不得超过5km/h。	
6、正确使用工器具，防止器具伤人。	

施工单位工作票签发人 ＿＿＿＿＿　签发日期 ＿年 月 日 时 分

运维单位工作票签发人 ▓▓▓　签发日期 2019年09月15日13时00分

7. 收到工作票时间 2019年09月15日13时15分

　运维人员签名 ▓▓▓　　　工作负责人签名 ▓▓▓

8. 确认本工作票1~7项

　工作负责人签名 ▢▢▢▢　　工作许可人签名 ＿＿＿＿

　许可开始工作时间 2019年09月16日13时18分

9. 确认工作负责人布置的工作任务和安全措施

　工作班组人员签名

　秦▓ 徐敬 刘▓ 张▓ 州底
　王▓ 许▓ 王孙 马 照栗 梅 吕埠
　▓ 孙▓

10. 工作负责人变动

　原工作负责人 ＿＿＿＿　离去、变更 ＿＿＿＿　为工作负责人

　工作票签发人 ＿＿＿＿　　　年 月 日 时 分

11. 工作人员变动（变动人员姓名、变动日期及时间）

增添人员	时间	工作负责人	离去人员	时间	工作负责人
	日 时 分			日 时 分	

第 4 页 共 6 页

违章条款：《国家电网公司电力安全工作规程（变电部分）》第6.4.1条：工作许可人在完成施工现场的安全措施后和工作负责人在工作票上分别确认、签名。

50 **违章现象** 未在通信工作用电气第二种工作票内备注栏注明电话许可的时间、内容等关键信息

违章条款：《国家电网公司电力安全工作规程（电力通信部分）》第4.6.13条：采取电话许可（终结）时，电力通信工作票工作负责人和许可人分别在"备注"栏中注明许可的时间、内容等关键信息。

51　违章现象　跨越架搭设专项方案中业主单位未签字盖章

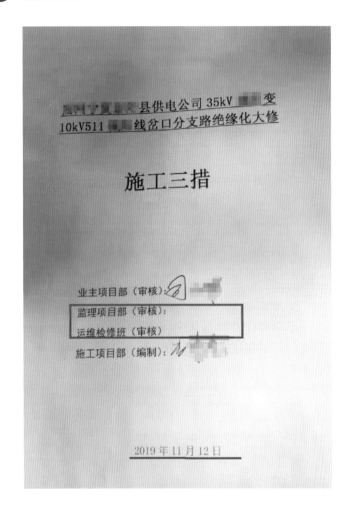

违章条款：《国家电网公司电力安全工作规程（电网建设部分）》第 10.1.1.1 条：跨越架的搭设应有搭设方案或施工作业指导书，并经审批后办理相关手续。

(图内)施工三措

54

52 **违章现象** 安全工器具出入库记录中领用时间晚于归还
时间

违章条款:《国家电网公司电力安全工器具管理规定》第30
条: 安全工器具领用、归还应严格履行交接和登记手续。

53 **违章现象** 电脑开机密码未妥善保管

违章条款：《电力安全工作规程（信息部分）》第 3.15 条：
终端设备使用的安全措施：终端设备用户应妥善保管账号及
密码，不得随意授予他人。禁止终端设备在管理信息内、外
网之间交叉使用。

54  变电站微机防误装置存在强制对位功能，且未设置密码

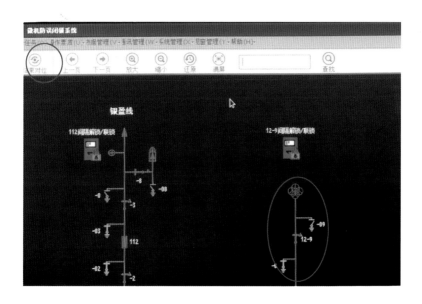

违章条款：《国网设备部关于切实加强防止变电站电气误操作运维管理工作的通知》（设备变电〔2018〕51号）第4条：微机防误软件管理。(6) 微机防误系统软件是否明确区分各类人员权限，操作人员是否只具备正常操作权限，不具备"设备强制对位""修改防误闭锁逻辑"等权限。

55 **违章现象** 《电力建设工程劳务分包安全协议》超期
未续签

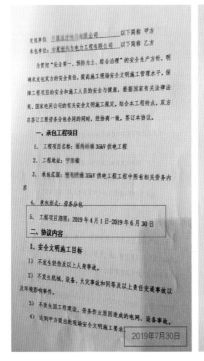

2019年7月30日

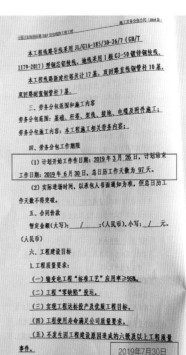

2019年7月30日

违章条款：《国家电网公司电力安全工作规程（电网建设部分）》第2.1.4条：有施工分包的，施工承包单位应与分包单位签订合同和安全协议，且劳务分包单位已与其被派遣劳务人员签订劳动合同。2.3.3应同时签订分包合同及安全协议。

56 违章现象 电缆室、综合机房摆放的灭火器未按规定按
时进行检查

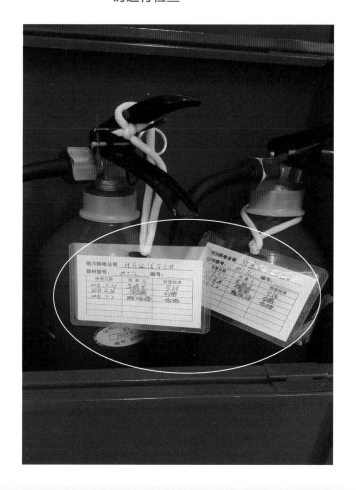

违章条款: 违反《国家电网有限公司消防安全监督管理办
法》第十七条: 每月至少进行一次防火检查。防火检查内容
包括防火巡查、消防设施器材运维、火灾隐患整改、消防宣
传和应急演练等情况。

57 **违章现象** 现场配置的急救药品未及时补充

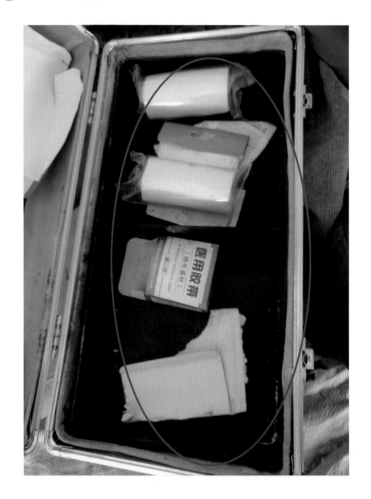

违章条款:《国家电网公司电力安全工作规程(电网建设部分)》第3.1.7条:施工现场应编制应急现场处置方案,配备应急医疗用品和器材等,施工车辆宜配备医药箱,并定期检查其有效期限,及时更换补充。

58 违章现象 现场急救箱中药品过期

违章条款：《国家电网公司电力安全工作规程（变电部分）》第4.2.2条：经常有人工作的场所及施工车辆上宜配备急救箱，存放急救用品，并应指定专人经常检查、补充或更换。

二、行为违章

59 **违章现象** 立、撤杆塔时，其他人员停留在杆高的 1.2 倍以内

违章条款：《国家电网公司电力安全工作规程（配电部分）》第 6.3.3 条：立、撤杆时，禁止基坑内有人，除指挥人及指定人员外，其他人员应在杆塔高度的 1.2 倍距离以外。

60 **违章现象** 施工过程中架设导线直接搭落在通信光缆上

违章条款：《国家电网公司电力安全工作规程（配电部分）》
第 6.4.2 条：在交叉跨越各种线路、铁路、公路、河流等地
方放线、撤线，应先取得有关主管部门同意，做好跨越架搭
设、封航、封路，在路口设专人持信号旗看守等安全措施。

61 ▌**违章现象** 低压作业工作人员未穿绝缘鞋，使用金属凳作业

违章条款：《国家电网公司电力安全工作规程（配电部分）》第2.1.6条：进入作业现场应正确佩戴安全帽，现场作业人员还应穿全棉长袖工作服、绝缘鞋。第8.1.1条：低压电气带电工作应戴手套、护目镜，并保持对地绝缘。

62 **违章现象** 二次工作安全措施票执行栏没有逐项确认

7. 资料归档

附件1.二次工作安全措施票

被试设备名称	1号主变			
工作负责人	王■	工作时间	2019.3.5	签发人	袁■

工作内容：1号主变保护传动

安全措施票：包括应投入及恢复压板、直流线、交流线、信号线、联锁线和联锁开关等，按工作顺序填写安全措施。已执行，在执行栏打"√"，已恢复，在恢复栏打"√"。

序号	执行	安全措施票	恢复
		220kV 母差及失灵保护1屏	
1		打开接线并包裹，防止误跳运行间隔	
2		1CD2D 主变1开入及出口：8 SL01/MC1-1B	
3		1CD2D 主变1开入及出口：13 SL03/MC1-1B	
4		1QD 强电开入：21 SLJFY03/MC1-1B	

16

违章条款：《国家电网公司电力安全工作规程（变电部分）》第13.4.2条：监护人由技术水平较高及有经验的人担任，执行人、恢复人由工作班成员担任，按二次工作安全措施票的顺序进行。

63 违章现象 工作负责人未在工作票上签字

7.注意事项（安全措施）

1、用安全围栏将预留1号主变区、750kV GIS 设备预留区、66kV 设备区围住，向内悬挂适当数量的"止步，高压危险！"标示牌，出入口围至临近道路旁边并设置"从此进出！"、"在此工作！"标示牌。

2、工作中加强监护，防止误入带电间隔，误登运行设备，严禁擅自更改安全措施及翻越安全围栏，工作中与带电设备保持足够的安全距离：750kV 应大于 7.20m，330kV 应大于 4.00m，66kV 应大于 1.50m，35kV 应大于 1.00m。

3、施工车辆进入变电站应按指定路线行驶、减速慢行，车辆行驶速度小于5km/h，车辆外廓与运行设备保持足够的安全距离：750kV 应大于 6.70m；330kV 应大于 3.25m。

4、电源箱布置及电缆敷设应做好安全措施，过路的电缆应加装防护措施。

5、工作人员进入作业现场应正确佩戴安全帽，穿着棉长袖工作服及绝缘鞋，严禁在作业区域外工作。

6、在交流站用电室接取电源必须经运维人员同意且运维人员在场情况下方可接取。

7、接取电源前检查备用空开在断开位置，电缆敷设完成后由运行人员进行送电。

8、大型机械工作必须执行专人指挥专人操作，工作结束后机械臂必须及时落地收回。

9、基坑周围必须做硬质防护，设置出入口，作业结束后及时封堵出入口，以防其他人员误入基坑。

10、工作结束后，及时清理工作现场。

施工单位工作票签发人签名：吕█   签发日期：2019 年 04 月 15 日 08 时 05 分

运维单位工作票签发人签名：王█   签发日期：2018 年 04 月 15 日 08 时 10 分

8.补充安全措施（工作许可人填写）

无

9.确认本工作票1-8项

| 工作负责人签名：_____ | 工作许可人签名：李█ |

许可开始工作时间：2019 年 04 月 15 日 08 时 20 分

违章条款：《国家电网公司电力安全工作规程（配电部分）》第3.4.9条：（1）当面许可。工作许可人和工作负责人应在工作票上记录许可时间，并分别签名。

64 违章现象　小组任务单工作班成员姓名代签

违章条款：《国家电网公司电力安全工作规程（配电部分）》第3.3.12.5条：工作班成员（1）熟悉工作内容、工作流程，掌握安全措施，明确工作中的危险点，并在工作票上履行交底签名确认手续。

65 **违章现象** 现场使用的工作票作业地点未填写设备双
重名称

配电第一种工作票

单位 国网_____供电公司运维检修部（检修公司）_____ 编号 5101171905007

1. 工作负责人 王__ 班组 配电运维班

2. 工作班成员（不包括工作负责人）：

杨__、任__、周__、李__、杨__、杨__、王__、陈__、马__、马__
__、李__、方__、苏__

共 13 人

3. 工作任务

工作地点或设备[注明变（配）电站、线路名称、设备双重名称及起止杆号]）	工作内容
塔东箱变	1、拆除塔东箱变高压进线电缆头。2、拆除塔东箱变1、2、3、4、5号低压开关所有用户低压电缆头。拆除塔东箱变。
塔东1号箱变（新建）	1、安装塔东1号箱变及接地焊接。2、制作高压进线电缆头，试验及安装。3、制作至塔东2号箱变高压出线电缆头，试验及安装。制作安装塔东1号箱变02号开关塔东小区3号楼配电箱低压电缆头、03号开关塔东小区4号楼配电箱低压电缆头、04号开关广厦综合楼低压电缆头。
塔东2号箱变（新建）	1、安装塔东2号箱变及接地焊接。2、制作高压进线电缆头，试验及安装。3、制作安装塔东2号箱变01号开关塔东1号楼1-1开关箱低压电缆头、02号开关塔东小区1号楼分流箱低压电缆头、03号开关塔东小区1号楼

第 1 页 共 6 页

违章条款：《国家电网公司电力安全工作规程（配电部分)》
第3.3.91条：同一张工作票多点工作，工作票上的工作地
点、线路名称、设备双重名称、工作任务、安全措施应填写
完整。不同工作地点的工作应分栏填写。

66 违章现象 工作票许可工作时间早于签发时间

违章条款：《国家电网公司电力安全工作规程（配电部分）》第3.4.1条：各工作许可人应在工作票所列由其负责的停电和装设接地线等安全措施后，方可发出许可工作的命令。

67 **违章现象** 操作票中发令人未填写， 监护人未签字

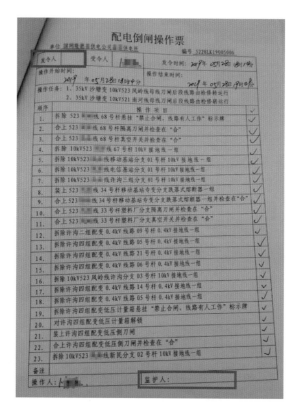

违章条款：《国家电网公司电力安全工作规程（变电部分）》第5.3.4.2条：操作票应用黑色或蓝色的钢（水）笔或者圆珠笔主项填写。用计算机开出的操作票应与手写票面同一；操作票票面应清楚整洁，不得任意涂改。操作票应填写设备的双重名称。操作人和监护人应根据模拟图或接线图核对所填写的操作项目，并分别手工或电子签名，然后经运维负责人审核。

68 **违章现象** 临时用电电缆敷设埋地深度不够

违章条款：《国家电网公司电力安全工作规程（电网建设部分）》第3.5.4.9条：沿主道路或固定建筑物等的边缘直线埋设，埋深不得小于0.7m。

69 **违章现象** 电源线裸露在地面上

违章条款：《国家电网公司电力安全工作规程（电网建设部分）》第3.5.4.8条：电缆线路应采用埋地或架空敷设，禁止沿地面明设，并应避免机械损伤和介质腐蚀。

70 **违章现象** 试验电源接入不规范

违章条款：《国家电网公司电力安全工作规程（变电部分）》第 13.18 条：试验用闸刀应有熔丝并带罩，被检修设备及试验仪器禁止从运行设备上直接取试验电源。

71 **违章现象** 负荷接在开关上端头

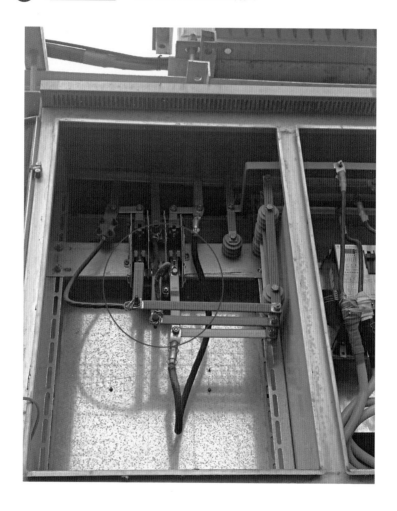

违章条款：《国家电网公司电力安全工作规程（变电部分）》第 3.5.4.17 条：开关及熔断器应上口接电源，下口接负荷，禁止倒接。

72 【违章现象】 电源线长度大于 5m 未设置移动开关箱

违章条款：《国家电网公司电力安全工作规程（电网建设部分）》第 3.5.4.13 条：用电设备的电源引线长度不得大于 5m，长度大于 5m 时，应设移动开关箱。

73 **违章现象** 现场检修人员未正确穿戴工作服，袖口未系紧，且未戴手套

违章条款： 《国家电网公司电力安全工作规程（变电部分）》第 12.4 条：低压不停电工作时，应穿绝缘鞋和全棉长袖工作服，并戴手套、安全帽和护目镜，站在干燥的绝缘物上进行。

74 **违章现象** 现场工作人员着装不符合要求

违章条款:《国家电网公司电力安全工作规程(配电部分)》第2.1.6条:进入作业现场应正确佩戴安全帽,现场作业人员还应穿全棉长袖工作服、绝缘鞋。

75 **违章现象** 作业时无人扶持梯子

违章条款:《国家电网公司电力安全工作规程(电网建设部分)》第 5.4.4.1.5 条:有人员在梯子上作业时,梯子应有人扶持和监护。

76 **违章现象** 作业现场装设接地线时人体碰触接地线

违章条款：《国家电网公司电力安全工作规程（配电部分）》第4.4.8条：装设、拆除接地线均应使用绝缘棒并戴绝缘手套，人体不得碰触接地线或未接地的导线。

77 〔**违章现象**〕 使用伸缩验电器时绝缘棒未拉到位，未佩戴
绝缘手套

违章条款： 违反《国家电网公司电力安全工作规程（配电
部分）》第4.3.3条：使用伸缩式验电器，绝缘棒应拉到位，
验电时手应握到手柄处，不得超过护环，宜戴绝缘手套。

78 违章现象 作业现场车厢内安全工器具与材料混装

违章条款：《国家电网公司电力安全工作规程（配电部分）》第 14.6.1.2 条：安全工器具运输或存放在车辆上时，不得与酸、碱、油类和化学药品接触，并有防损伤和防绝缘性能破坏的措施。

79 〔违章现象〕 客货混装

违章条款：《国家电网公司电力安全工作规程（配电部分）》
第 16.3.2 条：禁止客货混装。

80 〔**违章现象**〕 打开的电缆沟盖板，无任何防止人员坠落措施

违章条款：《国家电网公司电力安全工作规程（变电部分）》第15.2.1.10条：开启后应设置标准路栏围起，并有人看守。作业人员撤离电缆井或隧道后，应立即将井盖盖好。

81 **违章现象** 施工现场的基坑、孔洞，周围未装设安全围
栏或设置警告标志

违章条款：《国家电网公司电力安全工作规程（电网建设部
分）》第3.1.6条：施工现场及周围的悬崖、陡坎、深坑、
高压带电区等危险场所均应设可靠的防护措施及安全标志；
坑、沟、孔洞等应铺设符合安全要求的盖板或设可靠的围
栏、挡板及安全标志。危险场所夜间应设警示灯。

82 违章现象 工作地点未悬挂"在此工作""从此进出"
标示牌

违章条款：《电力安全工作规程（变电部分）》第 7.5.5 条：
在室外高压设备上工作，应在工作地点四周装设围栏，其出
入口要围至临近道路旁边，并设有"从此进出！"标识牌。

83 违章现象 次日复工时现场安全布防措施未恢复，施工人员即开展工作

违章条款：《国家电网公司电力安全工作规程（变电部分）》第 6.6.1 条：次日复工时，工作负责人应电话告知工作许可人，并重新认真检查确认安全措施是否符合工作票要求。

84  作业人员擅自跨越、翻越围栏

违章条款： 依据《国家电网有限公司电力安全工作规程（变电部分）》第 7.5.5 条：禁止越过围栏。

85 **违章现象** 作业现场交通道口处放线，未采取防车辆挂碰措施

违章条款:《国家电网公司电力安全工作规程（配电部分）》第 6.4.11 条：在交通道口采取无跨越架施工时，应采取措施防止车辆挂碰施工线路。

86 **违章现象** 携带器材登杆

违章条款：《国家电网公司电力安全工作规程（配电部分）》第6.2.2条：杆塔作业应禁止携带器材登杆或在杆塔上移位。

87 违章现象 杆塔上作业未使用工具袋

违章条款：《国家电网公司电力安全工作规程（线路部分）》
第9.2.5条：杆塔作业应使用工具袋，工具应固定在牢固的
构件上，不准随便乱放。

88 违章现象 工作结束后未恢复保护室电缆沟入口处防火墙及盖板，存在进入小动物风险

违章条款： 《国家电网公司电力安全工作规程（变电部分）》15.2.1.16 条：电缆施工完成后应将穿越过的孔洞进行封堵。

89 **违章现象** 作业人员随意在横担上摆放工具

违章条款： 违反《国家电网公司电力安全工作规程（配电部分）》第 17.1.5 条：杆塔作业应使用工具袋，工具应固定在牢固的构件上，不准随便乱放。

90 **违章现象** 在继电保护屏等运行屏上作业时，运行设备
与检修设备无明显标志隔开

违章条款： 违反《国家电网公司电力安全工作规程（变电
部分）》第 13.8 条：在全部或部分带电的运行屏（柜）上
进行工作时，应将检修设备与运行设备前后以明显的标志
隔开。

91 **违章现象** 现场吊车支撑腿支撑不实

违章条款:《国家电网公司电力安全工作规程(电网建设部分)》第5.1.2.2条:汽车式起重机作业前应支好全部支腿,支腿应加垫木。作业中禁止扳动支腿操纵阀;调整支腿应在无载荷时进行,且应将起重臂转至正前或正后方位。

92 **违章现象** 照明线路裸露部分未加设防护措施

违章条款: 《国家电网公司电力安全工作规程（电网建设部分）》第3.5.4.12条: 用电线路及电气设备的绝缘应良好，布线应整齐，设备的裸露带电部分应加防护措施。

93 〔**违章现象**〕 施工材料、工器具摆放混乱

违章条款：《国家电网有限公司电力安全工作规程（电网建设部分）》第 3.4.1 条：材料、设备应按施工总平面布置规定的地点进行定置化管理，并符合消防及搬运的要求。

94 **违章现象** 铁塔组立现场薄壁抱杆反向拉线未收紧

违章条款：《国家电网公司电力安全工作规程（电网建设部分）》第9.8.10条：抱杆就位后，四侧拉线应收紧并固定。

95 **违章现象** 低压配电箱内漏挂接地线

违章条款：《国家电网公司电力安全工作规程（配电部分）》第4.4.2条：当验明检修的低压配电线路、设备却无电压后，至少应采取以下措施之一防止反送电：所有相线和零线接地并短路。

96 **违章现象** 实验室试验用接地线使用缠绕的方式与接地扁铁连接

违章条款: 《国家电网公司电力安全工作规程 (变电部分)》第 7.4.10 条:接地线应使用专用的线夹固定在导体上,禁止用缠绕的方式进行接地或短路。

97 【违章现象】 变电站主变压器扩建工程电源箱体未接地

违章条款： 违反《国家电网公司电力安全工作规程（电网建设部分)》第3.5.4.5条：配电箱应坚固，金属外壳接地或接零良好，其结构应具备防火、防雨的功能，箱内的配线应采取相色配线且绝缘良好，导线进出配电柜或配电箱的线段应采取固定措施，导线端头制作规范，连接应牢固。

98 **违章现象** 接地极深度不够

违章条款： 《国家电网公司电力安全工作规程（配电部分）》第4.4.14条：杆塔无接地引下线时，可采用截面积大于 190mm² （如 φ16 圆钢）、地下深度大于 0.6m 的临时接地体。

三、装置违章

99 〔违章现象〕 现场电焊机接线老化且破损

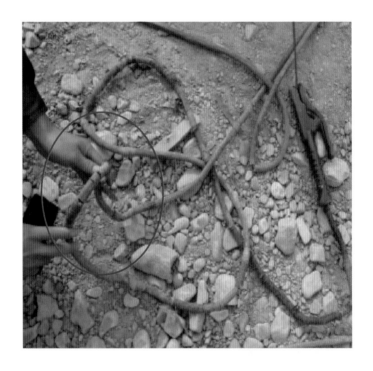

违章条款：《国家电网公司电力安全工作规程（变电部分）》第 16.3.2 条：电动工器具如有绝缘损坏、电源线护套破裂、保护线脱落、插头插座开裂或其他有损安全的故障时，应立即修理，在未修复前，不得继续使用。

100 【违章现象】 蓄电池室照明及排风机电源开关未装设在室外

违章条款:《电力设备典型消防规程》(DL 5027—2015) 第10.6.7条:蓄电池室应使用防爆型照明和防爆型排风机,开关、熔断器、插座等应装设在蓄电池室的外面。

101 **违章现象** 作业现场灭火器不合格

违章条款:《国家电网公司电力安全工作规程》(电网建设部分)第3.6.1.3条:消防设施应有防雨、防冻措施,并定期进行检查、试验,确保有效。

102 **违章现象** 重点防火部位未设置防火标识

违章条款：《电力设备典型消防规程》（DL 5027—2015）第
4.2.3 条：消防重点部位应当建立岗位防火职责，设置明显
的防火标志，并在出入口位置悬挂防火警示标示牌。标示牌
的内容应包括消防安全重点部位名称、消防管理措施、灭火
和应急疏散方案及防火负责人。

103 **违章现象** 施工配电箱内空气开关未标明负荷名称

未标明负荷名称

违章条款:《国家电网公司电力安全工作规程(电网建设部分)》第3.5.4.17条:多路电源配电箱宜采用密封式;开关及熔断器应上口接电源,下口接负荷,禁止倒接;负荷应标明名称,单相开关应标明电压。

104 【违章现象】 现场两个电动机械接在同一开关上，并且没有做到"一机一闸一保护"

违章条款：《国家电网公司电力安全工作规程（电网建设部分）》第3.5.4.20条：电动机械或电动工具应做到"一机一闸一保护"。电动机械应使用绝缘护套软电缆。

105 **违章现象** 绝缘梯未粘贴试验合格标签

违章条款：《国家电网公司电力安全工作规程（线路部分）》
14.4.3.3 条：安全工器具经试验合格后，应在不妨碍绝缘
性能且醒目的部位粘贴合格证。

106  空气压缩机和压力容器未装设压力表和安全阀

违章条款：《国家电网公司电力安全工作规范（变电部分）》第 16.4.3 条：空气压缩机应保持润滑良好，压力表准确，安全阀可靠，应定期校验和检验。

107 **违章现象** 安全带卡环（钩）损坏

违章条款：《国家电网公司电力安全工作规程（线路部分）》第 14.4.2.5 条安全带：腰带和保险带、绳应有足够的机械强度，材质应有耐磨性，卡环（钩）应具有保险装置，操作应灵活。

108 **违章现象** 现场使用的脚扣限位螺钉缺失，存在围杆钩脱落风险

违章条款：《国家电网公司电力安全工器具管理规定（2014年748号文)》保险装置可靠，防止围栏钩在扣体内脱落。

109 **违章现象** 配网作业装设接地线接地端螺丝松动

违章条款:《国家电网公司电力安全工作规程(配电部分)》第4.4.9条装设接地线应接触良好、连接可靠。

110  装设的接地线断股、 护套严重破损

违章条款：《国家电网公司电力安全工作规程（配电部分）》第 14.5.5 条：使用前应检查确认完好，禁止使用绞线松股、断股、护套严重破损、夹具断裂松动的接地线。

111 **违章现象** 现场脚扣带磨损严重

违章条款：《国家电网公司电力安全工作规程（配电部分）》
第 14.5.7 条：禁止使用金属部分变形和绳（带）损伤的脚
扣和登高板。

112 **违章现象** 吊车驾驶舱未铺设橡胶绝缘垫

违章条款：《国家电网公司电力安全工作规程（线路部分）》
第 11.2.2 条：驾驶室内应铺橡胶绝缘垫。

113 【违章现象】 通信机房屏柜无相应标识

违章条款：《国家电网公司通信检修管理办法》第十五条：各级通信运维单位必须建立完整的设备台账，并与设备相关技术手册、使用说明等统一存档保存；现场设备及线缆标识应清晰、齐全，符合运行规范。

114 **违章现象** 三级配电箱未上锁

违章条款：《国家电网公司电力安全工作规程（电网建设部分）》第3.5.6.3条：配电室和现场的配电柜或总配电箱、分配箱应配锁具。

115 **违章现象** 吊车吊钩防意外脱钩的保险闭锁装置损坏

违章条款:《国家电网公司电力安全工作规程（电网建设部分）》第 4.5.12 条：起重机械的各种监测仪表以及制动器、限位器、安全阀、闭锁机构等安全装置应完好齐全、灵敏可靠，不得随意调整或拆除。

116 **违章现象** 现场使用的手扳葫芦无封口部件

违章条款：《国家电网公司电力安全工作规程（电网建设部分）》第 5.3.1.8.1 条：手扳葫芦在使用前应检查和确认吊钩及封口部件、链条、转动装置及刹车装置可靠，转动灵活正常。

117 **违章现象** 现场使用的放线架无制动装置

违章条款:《国家电网公司电力安全工作规程（线路部分）》
第9.4.3条：放线、紧线前，应检查导线有无障碍物挂住，
导线与牵引绳的连接应可靠，线盘架应稳固可靠、转动灵活
制动可靠。

118  搭设的高速公路跨越架未设置警告标志及夜间警示装置

违章条款：《国家电网公司电力安全工作规程（电网建设部分）》第10.1.1.10条：跨越架上应悬挂醒目的警告标志及夜间警示装置。

119 **违章现象** 所悬挂的标示牌颜色、字样不符合要求

违章条款: 《国家电网公司电力安全工作规程（变电部分)》
附录I：标识牌字样应为红底白字。

120 **违章现象** 使用的揽风绳中部松股、断股

违章条款：《国家电网公司电力安全工作规程（配电部分）》第 14.2.9.1 条：禁止使用出现松股、散股、断股、严重磨损的纤维绳。

121 **违章现象** 箱体外壳未接地

违章条款:《国家电网公司电力安全工作规程(变电部分)》
第 16.3.1 条:所有电气设备的金属外壳均应有良好的接地
装置。

违章现象 使用的发电机未接地

违章条款：《国家电网公司电力安全工作规程（电网建设部分）》第 3.5.5.6 条：发电机、电动机、电焊机及变压器的金属外壳均应装设接地或接零保护。

123 **违章现象** 现场使用的绝缘电阻表超期未检验

违章条款：《国家电网公司电力安全工作规程（配电部分）》第 11.1.3 条："高压试验的试验装置和测量仪器应符合试验和测量的安全要求"。

124 **违章现象** 端子箱电缆更换后未封堵

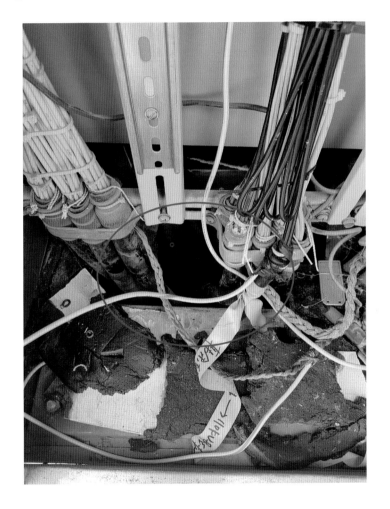

违章条款: 《国家电网公司电力安全工作规程(电网建设部分)》第 7.12.1.15 条:电缆敷设经过的建筑隔墙、楼板、电缆竖井,以及屏、柜、箱下部电缆孔洞间均应封堵。

125 【违章现象】 现场使用的手持式角磨机无防护罩

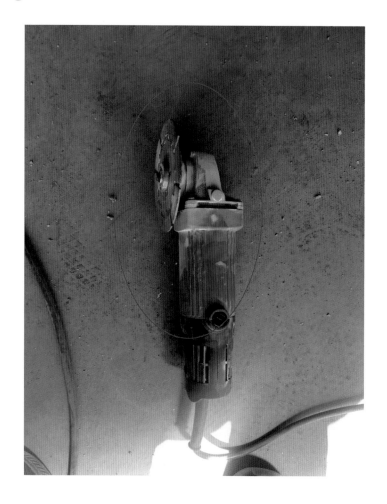

违章条款：《国家电网公司电力安全工作规程（变电部分）》
第 16.4.1.8 条：砂轮应进行定期检查。砂轮应无裂纹及其他
不良情况。砂轮应装有用钢板制成的防护罩，其强度应保证
当砂轮碎裂时挡住碎块。防护罩至少要把砂轮的上半部罩住。